Docteur M. VASSEFF

ÉTUDE

DE LA

PRESSION ARTÉRIELLE

CHEZ L'HOMME NORMAL

ET CHEZ LES ALIÉNÉS

MONTPELLIER
IMPRIMERIE CENTRALE DU MIDI
(HAMELIN FRÈRES)
—
1902

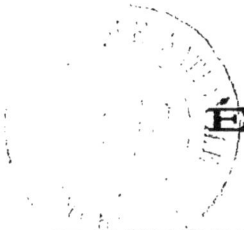

ÉTUDE

DE LA

PRESSION ARTÉRIELLE

CHEZ L'HOMME NORMAL

ET CHEZ LES ALIÉNÉS

ÉTUDE

DE LA

PRESSION ARTÉRIELLE

CHEZ L'HOMME NORMAL

ET CHEZ LES ALIÉNÉS

Le Dr M. VASSEFF

MONTPELLIER
IMPRIMERIE CENTRALE DU MIDI
(HAMELIN FRÈRES)

1902

A MON PÈRE ET A MA MÈRE

Puisse cet hommage être une faible
récompense de tant de sacrifices !

A MON FRÈRE JURDAN

ET

A MA SŒUR PARASKEVA

M. VASSEFF.

INTRODUCTION

L'étude de la pression artérielle, en général, a depuis longtemps attiré l'attention des cliniciens, mais il n'est pas moins vrai que, par suite des nombreuses méthodes d'appréciation et des difficultés qu'elles présentent, les résultats obtenus ne sont pas bien concordants.

Chez les aliénés, elle a été l'objet de peu d'études, et les conclusions tirées par les auteurs sont loin d'être les mêmes.

Nos premières recherches ont porté sur l'homme normal, pour des raisons que nous allons exposer au cours de ce travail ; quant aux aliénés, nous avons choisi, pour simplifier notre tâche, des lypémaniaques, des maniaques et des paralytiques généraux.

Étant étranger à l'asile des aliénés, nous n'avons pas pu observer des crises d'épilepsie et, sur ce point, pour être complet, nous apportons telles quelles les conclusions des autres auteurs.

Pour la facilité de l'exposé, nous avons divisé ce travail en cinq chapitres :

Le premier comprend les définitions, l'historique, les méthodes et les instruments.

Le deuxième comprend l'étude de la pression artérielle et ses variations à l'état normal.

2

Le troisième comprend l'étude de la pression artérielle chez les aliénés.

Le quatrième, la pathogénie des changements dans la pression artérielle.

Le cinquième comprend les conclusions.

Avant d'aborder cette étude, à l'heure si attendue où va briller pour nous le diplôme de fin d'études, nous éprouvons une joie profonde à exprimer devant nos maîtres l'hommage de notre profonde gratitude pour toute la science qu'ils nous ont prodiguée et dont notre qualité d'étranger ne nous a peut-être pas permis de retirer tous les fruits possibles.

Nous tenons à remercier particulièrement notre maître, M. le professeur Mairet, pour l'honneur qu'il nous a fait en acceptant la présidence de notre thèse, et MM. les professeurs agrégés Vires et Léon Imbert, pour les précieux conseils qu'ils nous ont donnés durant nos études médicales, ainsi que les docteurs Ardin-Delteil, médecin-adjoint, et Jacquemet, chef de clinique de l'asile des aliénés, pour la bienveillance avec laquelle ils ont facilité nos recherches.

La France, qui a été pendant plus de cinq années notre seconde patrie, a droit aussi à l'expression de notre affection la plus émue. Ce tribut, qu'il nous soit permis de l'acquitter, en réunissant dans un même témoignage de reconnaissance nos maîtres, nos condisciples, et tous les citoyens de l'aimable cité, dont l'hospitalité maternelle nous a accordé les larges libéralités de ses plaisirs et de sa science.

ÉTUDE

DE LA

PRESSION ARTÉRIELLE

CHEZ L'HOMME NORMAL

ET CHEZ LES ALIÉNÉS

———————

CHAPITRE PREMIER

**Définitions, historique, méthodes d'appréciations,
sphygmomanomètres.**

De nombreuses définitions ont été données.

Pour Marey, « la tension artérielle est la force déployée
» par le cœur, force mise en réserve dans l'aorte et les gros-
» ses artères, puis régularisée par l'élasticité de ces vaisseaux. »

Pour Lorain, elle résulte de la réplétion des artères,
accrue de l'impulsion du cœur et aidée ou desservie par la
résistance des capillaires.

Lauder-Brunton dit que la tension artérielle résulte de la
différence qui existe entre la quantité de sang envoyée par

le cœur dans le système artériel et celle qui passe des arté-
rioles dans les veines.

Pour Huchard, « la tension artérielle est la pression exer-
cée par la masse sanguine contre les parois vasculaires plus
ou moins contractiles, et cette pression est mesurée par la
force avec laquelle le sang s'échapperait hors du vaisseau. »

Toutes ces définitions sont longues et se comprennent mal.
Sans avoir la prétention d'apprécier chacune d'elles, nous
croyons que la définition la plus courte et la plus synthétique est celle donnée par notre savant maître, M. le professeur Hédon, dans son *Manuel de physiologie*. D'après lui :
« la pression ou tension sanguine résulte de la réaction élastique des vaisseaux sur leur contenu. »

Comme on le voit dans ces définitions, les auteurs emploient
indifféremment les mots de *tension artérielle et de pression
sanguine*, ce qui, en théorie, n'est pas tout à fait la même
chose. La tension artérielle, en effet, suggère l'état de l'artère sous l'influence de la force déployée par les systoles
cardiaques, qui, se succédant de très près, empêchent les
parois artérielles de prendre la situation qu'elles prendraient
si elles étaient laissées à leur élasticité propre ; tandis que
la pression artérielle se rapporte à la poussée hydrostatique
du sang.

En pratique, et surtout quand on se sert du sphygmomanomètre de Potain et des autres appareils du même genre,
on ne peut pas faire la différence. En effet, quand on applique la poire en caoutchouc pour écraser les pulsations artérielles, on agit à la fois contre la pression hydrostatique du
sang et contre la distension de la paroi artérielle.

HISTORIQUE. — De l'expérimentation purement physiologique, l'étude de la pression artérielle est passée depuis

peu dans la pratique clinique. Son historique peut, par conséquent, être divisé en deux périodes.

Il y a, d'abord, une première période physiologique, inaugurée par Hales en 1774. Le tube en verre de Hales, verticalement placé dans l'artère, fut modifié par Poiseuille en 1829. Poiseuille fit un tube en U à moitié rempli de mercure ; l'une des branches de ce tube, remplie d'une solution anticoagulante (carbonate ou oxalate de sodium), est en communication avec l'artère. On mesure la pression sanguine par la différence de niveau du mercure dans les deux branches du tube.

Ludwig, plus tard, ajouta à cet appareil un dispositif spécial pour enregistrer la courbe de la pression sanguine (Kimographion de Ludwig). Plus tard encore, vinrent le appareils plus précis, tels le sphygmoscope de Chauveau et Marey, et le manomètre métallique inscripteur de Marey.

Tous ces appareils nécessitant une communication interne avec l'artère ne pouvaient pas être appliqués à l'homme, les cliniciens ont alors essayé de se rendre compte de l'état de la pression artérielle, approximativement, sans instrumentation spéciale : par l'examen des malades, etc.

La deuxième période — période clinique — commence en 1855 avec Charles Vierordt, qui proposait une méthode pour mesurer de l'extérieur la pression du sang dans les artères de l'homme. Sa méthode consistait à déterminer le poids nécessaire pour empêcher les pulsations de l'artère radiale en se servant du levier de son sphygmographe. Vers la même époque, Marey (*Mesure manométrique de la pression du sang dans les artères de l'homme*, travaux du laboratoire, publiés en 1876, p. 316), commençait ses expériences dans le but de déterminer avec une autre méthode la pression externe nécessaire pour faire disparaître le pouls de l'avant-bras entier.

Plus tard, en 1875, vient la méthode de Ludwig (*N. V. Kries, über den Druck* in den Blutcapillaren der Menschlichen hant-Berichl d. Sächs Gesellsch d. Wissenschafter, Juni 1875). qui consistait à chercher quelle était la pression minima capable d'empêcher la circulation du sang dans les capillaires d'une région déterminée de la peau.

En 1881, Bach (*Uber die messung des Bludtruchs an Manschen*) fit construire son appareil s'appuyant sur le principe proposé par Vierordt, qu'il était possible de mesurer la pression artérielle par l'effet nécessaire pour arrêter le courant sanguin.

Vinrent ensuite les appareils de Waldembourg, de Bloch, de Verdin, de Breslau et autres. L'appareil de Bach fut modifié par Potain (*Archives de physiologie de Brown-Séquard*, juillet 1899) et rendu plus facilement applicable tout en conservant le même principe.

Voici la description de l'appareil Potain, faite par Potain lui-même dans son livre sur la pression artérielle.

L'appareil se compose d'une ampoule en caoutchouc, d'un tube de transmission, d'un tube de remplissage, branché sur le premier et d'un manomètre métallique.

L'ampoule de forme ellipsoïde doit avoir, quand elle est distendue pour une pression de 3 centimètres de mercure, une longueur de 3 centimètres et un diamètre transversal de 2 centimètres et demi. Plus volumineuse, elle est encombrante et s'applique mal. Plus petite elle serait écrasée avant d'arriver aux pressions les plus fortes qu'on peut avoir à observer. Elle est formée de quatre secteurs collés ensemble. Trois de ces secteurs sont assez épais et assez résistants pour ne pas se laisser sensiblement distendre, même avec une pression qui avoisine 30 centimètres de mercure. Un quatrième qui doit être appliqué sur la peau et transmettre la pression à l'artère, est aussi mince que possible et renforcé seulement près des pôles. La difficulté principale qu'offre la construction de ces ampoules est le choix du caoutchouc dont est formée la partie mince.

Le tube de transmission doit avoir une paroi très résistante et un calibre intérieur aussi réduit que possible. Si sa capacité était trop grande, la masse d'air qui s'y trouve se laisserait trop aisément comprimer et l'ampoule serait affaissée avant d'avoir donné l'indication voulue.

Le tube de remplissage sur le trajet duquel se trouve un petit robinet sert à insuffler de l'air dans l'appareil et à l'y porter à la tension convenable. La tension initiale qu'on établit ainsi est absolument arbitraire. Elle est indispensable au fonctionnement de l'appareil, mais elle n'a aucune influence sur les résultats qu'on obtient ensuite, pourvu qu'on ne la porte pas trop loin. Si l'on a à explorer des artères extrêmement résistantes, il y a intérêt à le p orter jus qu'à 5 centimètres. Quand on ne se sert pas de l'instrument, le mieux est de maintenir le robinet ouvert et l'ampoule vide, pour la moins exposer aux causes de détorioration.

Le manomètre est construit sur le principe des baromètres métalliques à capsule, sa cavité est mise en rapport avec celle de l'ampoule par l'intermédiaire du tube qui les unit. Il indique en centimètres de mercure la pression à laquelle l'air est porté dans l'ampoule quand on comprime celle-ci. Ce qui importe surtout, c'est qu'il soit sensible et obéisse sans à-coup. Mais ce qui n'importe pas moins, c'est la graduation exacte de cet instrument.

L'appareil de Mosso, dont la description a été faite dans les *Archives italiennes de biologie*, 1895, p. 177, repose sur un tout autre principe.

Au lieu de chercher la valeur de la pression externe qui empêche la circulation du sang dans une extrémité du corps, il mesure la pression externe sous laquelle les pulsations des artères acquièrent le maximum de leur ampleur. Il se sert dans ce but des doigts de la main, et il exerce sur eux une contre-pression correspondant à la pression du sang dans les petites artères.

Le tonomètre de Gärtner (M. C. Blauel, *Beïträge z. klin. Chir.*, XXXI) indique la pression intravasculaire nécessaire pour établir la circulation dans une extrémité digitale préalablement anémiée par compression centripète.(On trouvera aussi une description sommaire dans la *Gaz. des Hôp.* du 12 juin 1902, par M. le docteur Boulomié.)

Après avoir passé en revue les appareils et les principes sur lesquels ils reposent, il est nécessaire de signaler d'autres méthodes qui ont été proposées pour apprécier la pression artérielle.

Le professeur Jaccoud attache une grande importance à la récurrence palmaire qui devient imperceptible lorsque la tension est très marquée.

Gautrelet (Soc. méd.-chir.) cherche à la déterminer d'une façon indirecte par l'examen des urines : « Si le rapport du pourcentage du volume urinaire est supérieur au rapport des éléments fixes urinaires, on peut affirmer qu'il y a hypertension artérielle, et la cause de cette hypertension est donnée par les rapports secondaires. »

Un signe de valeur séméiologique très importante est celui de la stabilité et de l'instabilité du pouls, étudié par Huchard (Soc. méd.-chir., 9 janvier 1899). A l'état normal, le nombre des pulsations augmente de 8 à 10, quand l'individu passe de la position couchée à la position debout ; chez l'hypotendu, cette différence augmente ; elle tend à disparaître et même à présenter le type inverse chez l'hypertendu.

L'étude de ce signe a été l'objet d'une communication au Congrès de médecine de Toulouse (1902), de la part de notre éminent maître, M. le professeur Grasset, et de son chef de clinique, M. le docteur Calmettes, qui concluent de la façon suivante :

« 1) L'instabilité du pouls est un signe d'hypotension artérielle ;

» 2) L'hypotension artérielle ne s'accompagne pas toujours d'instabilité du pouls. » Fait que nous avons plusieurs fois vérifié au cours de nos recherches chez l'homme normal. Nous donnons plus loin deux observations de personnes bien portantes et hypotendues) et chez les aliénés.

En France, les études sur la pression artérielle ont été surtout faite avec le sphygmomanomètre de Potain, dont nous-mêmes nous nous sommes servi, car les appareils de Mosso et de Gärtner, qui ont la prétention d'être plus justes et exposés à moins d'erreurs, sont d'une application très difficile et exigent, pour ainsi dire, une collaboration du patient, ce qui ne peut être obtenu chez les aliénés, surtout pendant l'agitation.

L'appareil de Potain est excellent au point de vue de la facilité de son application, mais ne l'est pas au point de vue des résultats obtenus, car des causes d'erreurs, tenant les unes à l'opérateur, les autres à l'instrument employé et aux sujets chez lesquels on fait les recherches, empêchent de leur donner une signification absolue ; et même, en comparant les résultats trouvés chez deux malades avec le même appareil et dans des conditions identiques de négliger la différence si elle n'est pas assez marquée.

A l'exemple de Guillain et Vaschide (Soc. de biologie, janv. 1900), nous avons expérimenté deux appareils Potain. Placé dans les mêmes conditions, sur les mêmes malades, au même moment, nous avons pu constater qu'un des appareils nous donnait des chiffres d'une division en plus que l'autre. De même les mesurations faites par des observateurs différents ne sont pas non plus comparables, car il y

3

a pour chacun d'eux un coefficient personnel de sensibilité digitale. Avec [M. le docteur Jacquemet, chef de clinique de l'asile des aliénés, nous avons, dans la même séance, sur le même malade et avec le même appareil, trouvé des résultats différant d'une division et demie du sphygmoma-nomètre.

Certains auteurs établissent une moyenne de tension artérielle chez l'homme normal; il nous semble, d'après nos recherches, et pour les raisons que nous avons exposées plus haut, que cette moyenne, donnée aussi large que possible, 14 à 20 centimètres, ne peut servir de moyenne à des cliniciens qui se servent d'appareils différents (quoique de marque Potain) et dont la sensibilité digitale est diffé-rente.

Il faut donc, avant d'entreprendre des recherches sur des malades, chercher à établir la moyenne, si l'on veut arriver à des conclusions plus ou moins exactes, plus ou moins, car les erreurs, tenant aux malades eux-mêmes, ne peuvent aucunement être écartées avec l'appareil Potain.

Voilà pour quelle raison nous avons divisé notre travail en deux parties : étude de la pression artérielle chez l'homme normal et chez les aliénés.

CHAPITRE II

De la pression artérielle et de ses variations à l'état normal.

Il est nécessaire, avant d'exposer les résultats de nos recherches, de dire de quelle manière nous les avons poursuivies.

Nous avons préféré l'artère radicale, à la temporale et à la pédieuse, proposées par quelques auteurs, parce que son exploration est beaucoup plus facile et moins gênante pour l'opérateur et le patient. Nous avons toujours exploré la radiale gauche pour raison de commodité.

Dans la situation couchée, nous avons opéré de la façon suivante : le malade est couché sur un lit pas trop haut, afin que le coude de l'opérateur puisse s'y appuyer ; l'avant-bras du patient est placé horizontalement et dans la demi-pronation, la main pendante vers le bord cubital. De la main droite on saisit l'ampoule et on applique sa partie mince le long de l'artère dont on a préalablement déterminé le trajet, à un travers de doigt au-dessus de la base du pouce. On place alors l'indicateur de la main droite sur la paroi de l'ampoule opposée à celle qui est en contact avec la peau et le pouce de la même main sur la face dorsale du radius, de façon à former une sorte de pince qui rend la compression facile et régulière.

Les choses étant ainsi disposées, on applique l'index de la main gauche sur la radiale, immédiatement au-dessous de l'ampoule et de façon à sentir très distinctement les bat, tements de l'artère avec la pulpe du doigt. Puis avec le bord cubital du même doigt on comprime l'artère de manière à empêcher la récurrence palmaire, tandis que la pulpe perçoit les battements de l'artère.

Ce procédé est préférable, il nous semble, à ceux recommandés par Potain et les autres auteurs, car il permet d'appliquer l'ampoule dans la gouttière plus près de la base du pouce où l'artère est plus superficielle.

Au début on éprouve beaucoup de difficulté, surtout pour indiquer le moment où l'artère cesse de battre; mais, avec de l'habitude, il devient très facile et est moins fatigant (le procédé de Potain consiste à placer deux doigts au-dessous de l'ampoule, le premier servant à empêcher la récurrence et l'autre pour sentir les pulsations artérielles).

Dans la position debout ou assise, nous avons tâché d'imiter la situation de la main et du bras précédemment indiquée, en remplaçant le lit par une table ou notre genou.

En effet, si on n'observait pas ces règles d'identité dans les observations, les résultats ne seraient pas comparables, vu que la pression artérielle varie suivant la position du corps et des membres.

La température ambiante et la pression atmosphérique auraient, d'après Potain et Mosso, une grande influence sur la pression artérielle, mais les conditions dans lesquelles nous nous trouvions en faisant ces recherches ne nous ont pas permis d'éviter ces causes d'erreurs.

Comme nous l'avons dit dans le chapitre précédent, il est bon de ne pas faire de comparaisons des chiffres trouvés chez les malades avec les moyennes normales établies par les autres auteurs, mais il faut soi-même chercher les oscillations normales de la pression artérielle.

Pour ce faire, sur les bons conseils de M. le professeur Mairet, nous avons recherché chez 14 infirmiers et infirmières de l'asile des aliénés, la pression normale avec un sphygmomanomètre de Potain fabriqué par Mathieu.

Voici les résultats auxquels nous sommes arrivés :

INFIRMIÈRES

					Dans la même séance			
1.	R. âgée de	22 ans	oscillat. entre		17,5	et	18,5	cent.
2.	A. » »	22 ans	»	»	18,5	»	18	»
3.	P. » »	25 ans	»	»	17,5	»	18	»
4.	A. » »	22 ans	»	»	16,5	»	18	»
5.	J. » »	23 ans	»	»	17	»	17,5	»
6.	J. R. » »	20 ans	»	»	18	»	17,5	»
7.	M.R. » »	43 ans	»	»	18	»	17,5	»

INFIRMIERS

					dans la même séance.			
8.	L. âgé de	27 ans	oscillat. entre		18	et	19	cent.
9.	P. » »	29 ans	»	»	16,5	»	17	»
10.	M. » »	25 ans	»	»	19	»	20	»
11.	V. » »	37 ans	»	»	16,5	»	17	»
12.	E. » »	27 ans	»	»	17	»	17,5	»
13.	J. » »	27 ans	»	»	17,5	»	18	»
14.	E. » »	27 ans	»	»	19,5	»	20	»
15.	L. » »	43 ans	»	»	18	»	18,5	»
16.	L. » »	35 ans	»	»	18,5	»	19	»

A trois reprises, la pression fut prise sur les mêmes infirmiers et infirmières dans différents moments de la journée et les chiffres furent à peu près les mêmes avec une légère augmentation après le repas chez certains d'entre eux.

On voit, d'après ces chiffres, que, chez l'adulte, de 22 à 43 ans, la pression artérielle varie entre 17 et 20 centimètres, sans que pour cela elle soit plus élevée proportionnellement à l'âge.

En effet, le N° 10 âgé de 25 ans présente une pression de 19 à 20 cent., tandis que le N° 11 âgé de 37 ans oscille entre 16,5 et 17 et le N° 15 âgé de 43 ans entre 18 et 18,5.

D'après l'interrogatoire et l'examen attentif du cœur des personnes, nous n'avons pas pu établir la cause de la différence de pression qu'ils présentent.

Chez les femmes, la pression oscille entre les mêmes limites, fait que nous attribuons à l'embonpoint et l'épaisse couche de tissu cellulaire sous-cutané, car le pouls nous paraissait à la simple exploration avec les deux doigts plus facilement dépressible que chez les hommes.

Deux de nos amis âgés de 20 et 22 ans présentaient une pression oscillant entre 18 et 19 centimètres, et un personne de 39 ans dans la même séance présentait 19 : la tension fut reprise immédiatement après le repas, il y avait une petite diminution des deux tensions, mais la différence était la même. — Encore une fois dans ce dernier exemple l'âge de 39 ans n'a pas eu d'influence sur la pression. (Toutes ces trois personnes jouissaient d'une santé parfaite.)

Les chiffres des numéros 6 et 7 de la page 21 pris sur deux femmes (mère et fille), dont l'une âgée de 49 ans et l'autre de 20 ans, sont égaux pour la tension, ainsi que pour le nombre de pulsations 18 et 17,5. Sur les mêmes personnes dans les conditions identiques, la pression artérielle ni le nombre des pulsations n'ont changé.

Il n'en est plus de même chez les enfants. Leur pression est plus basse et très variable d'un moment à l'autre.

Obs. — Deux petites filles, sœurs, âgées l'une de 8 ans et demi et l'autre de 4 ans et demi, présentaient des pressions différentes. Chez la première, elle oscillait entre 8 et

10, et chez la seconde entre 6 et 8. Nous avons constaté une très grande diminution sous l'influence du repas. Chez un autre enfant de 5 ans et demi la pression artérielle marquée à plusieurs reprises oscillait entre 7 et 9 centim.

Voici, pour être complet, les normales données par Potain, chez les enfants.

9	centimètres	de	5	à	7	ans.
9	»	»	8	à	12	ans.
13	»	»	13	à	17	ans.
15	»	»	18	à	20	ans.

N'ayant pas eu d'enfants et d'adolescents en nombre suffisant à notre disposition, nous ne pouvons pas nous prononcer sur l'exactitude de ces chiffres : mais il nous semble, d'après la seule observation N° 6 de la page 21 que pour les personnes de 20 ans le chiffre de 15 centimètres est très faible.

D'après Potain, l'âge est la raison principale des inégalités constatées dans la pression artérielle chez différents sujets.

Bien qu'on ne possède des données statistiques que pour des séries déterminées, dit-il, on peut établir que les variations suivant l'âge se comportent à peu près de la façon suivante :

De 6 à 10 ans	pression artérielle moyenne			8,9	centim.
10 à 15	»	»	»	13,5	»
15 à 20	»	»	»	15	»
20 à 25	»	»	»	17	»
25 à 30	»	»	»	18	»
30 à 40	»	»	»	19	»
40 à 50	»	»	»	20	»
50 à 60	»	»	»	21	»
60 à 80	»	»	»	22	»

Comme nous l'avons dit précédemment nous ne croyons pas que l'âge ait une influence marquée, sauf chez les enfants, sur la pression artérielle. Les chiffres de notre tableau le prouvent surabondamment. En outre, nous avons, chez un vieillard de soixante-dix ans, porteur d'une hernie et sans autre maladie, constaté, à plusieurs reprises, une pression oscillant entre 14 et 16 centimètres. Sa fille, âgée de trente-huit ans, sujette à des névralgies du trijumeau, présentait une pression oscillant entre 13 et 14 centimètres.

En outre, chez les vieillards, il faut tenir compte de la dureté de l'artère. En effet, cette dernière peut, sans élever la pression sanguine, augmenter le chiffre trouvé avec le sphygmomanomètre. Il n'est pas égal, il nous semble, de déprimer un tube en caoutchouc durci, et un tube en caoutchouc ordinaire. Le sphygmomanomètre et les autres appareils du même genre, qui servent à mesurer la pression artérielle, étant incapables d'écarter cette cause d'erreurs, il serait utile de s'en rendre compte à l'aide du palper, et nous sommes sûr que si l'artère du vieillard était dans le même état que celle de sa fille, nous aurions trouvé un chiffre inférieur, vu que le pouls était plus faible.

INFLUENCE DE L'ATTITUDE SUR LA PRESSION ARTÉRIELLE

Mosso, dans les *Archives italiennes de biologie* (1895), tire de ses recherches à l'aide de son sphygmomanomètre la conclusion suivante :

« La position du corps modifie la pression sanguine : celle-ci est à son maximum dans la station verticale, à son minimum dans la position horizontale du corps. »

Des recherches de Potain et des auteurs qui se sont servi de son appareil, il résulte que le maximum de pression artérielle est dans la position horizontale et le minimum dans la station verticale. Potain a trouvé sur un sujet alternativement couché à plat sur le lit, puis placé debout : dans la première position 13,5 ; dans la seconde 6 ; sur un autre sujet, sur le lit 17, et debout 8,5.

Quant à nous, voici ce que nous avons constaté.

Obs. I. — Mlle G..., âgée de trente-huit ans, ayant depuis longtemps une névralgie du trijumeau, sans lésion cardiaque, présentant de temps à autre des lypothymies et facilement sujette aux vertiges, surtout quand la tête est basse.

Dans la station debout, nous avons constaté une tension oscillant entre 14 et 16 centimètres ; dans la position horizontale, qui s'accompagnait de vertiges la pression était plus basse, elle oscillait entre 13 et 14 centimètres et ne dépassait jamais ce dernier chiffre.

Obs. II. — Mlle M..., âgée de vingt ans, bien portante, un peu nerveuse.

Pression artérielle, dans la station debout, oscillant entre 17 et 18 centimètres, dans la position couchée la tension augmentait de 2 centimètres. La pression prise tout de suite après le changement de la position était bien plus élevée, elle montait à 23 puis à 22 et, au bout d'un quart d'heure, elle oscillait entre 19,5 et 20 centimètres.

Obs. III. — Mme M..., âgée de vingt-cinq ans, bien portante.

Pression artérielle dans la station debout oscille entre 18 et 19 centimètres, dans la position couchée entre 19 et 20 centimètres.

Obs. IV. — M. B..., âgé de vingt-deux ans.

Pression art. dans la station debout..... 17 à 19.

Pression art. dans la position couchée... 18,5 à 20.

Des observations II, III et IV, comme de celles recueillies par Potain, il résulte, en effet, que la tension radiale est plus élevée dans la position couchée. Nous avons remarqué, en outre, que l'acte de changement de la position a une influence très marquée sur la pression : augmentation de 1 à 3 centimètres.

L'observation I présente une particularité ; en effet, on constate un abaissement de la pression artérielle dans la position couchée. Il est vrai que la malade éprouve des vertiges dans cette position. Ces vertiges peuvent s'expliquer, il nous semble, par l'augmentation de la pression intra-cérébrale, en même temps qu'il y a une diminution de la pression radiale.

Mais faut-il considérer ce cas comme la règle et se rattacher à l'opinion de Mosso, ou bien le considérer comme une exception. Il nous semble, d'après les observations de la plupart des auteurs et les nôtres, et d'après ce que nous avons remarqué au cours de nos recherches (sans prendre les observations), que la pression radiale est plus élevée dans la position couchée que dans la station debout.

INFLUENCE DU MOUVEMENT ET DE LA FATIGUE

Comme nous l'avons fait remarquer dans l'article précédent, l'action de changement de position a une influence très marquée sur la pression artérielle, il y a augmentation ; mais, si le mouvement est poussé jusqu'à la fatigue, il y a, au contraire, diminution de la pression artérielle.

_ Chez Mlle M..., de l'observation II, nous avons constaté une diminution de 1 et demi centimètre après l'exécution des mouvements prolongés avec les bras. Nous avons constaté, en outre, chez un jeune homme de dix-huit ans, un abaissement considérable de la pression artérielle de 18 à 15 centimètres après une marche forcée.

Les secousses imprimées à tout le corps suffisent à produire un changement momentané de la pression d'après Potain.

Ce clinicien a constaté, pendant les voyages en chemin de fer, qu'à chacun des démarrages la pression tout à coup baissait de 1 cent. 5 à 2 cent. 5 (de 18,5 à 17 ou de 18 à 15,5), pour remonter, en trois minutes, à un chiffre voisin du chiffre primitif.

Potain nous donne une observation très significative au sujet de l'abaissement de la pression, causé par la fatigue :

« En août 1883, étant en bateau avec mon ami Fr. Franck et un batelier, homme assez jeune et vigoureux, nous fîmes un même exercice de rames, chacun pendant dix minutes. La conséquence fut pour moi une élévation d'un centimètre, pour mon ami Fr. Franck de 3 centimètres, et pour le batelier de 2 cent. 5. Comme le batelier avait développé pendant les dix minutes une action extrêmement énergique, mon ami Franck voulut recommencer avec une énergie semblable. Mais cette fois le résultat fut tout opposé, ce fut un abaissement de 2 centimètres qui se produisit. Porté à ce degré d'intensité, le travail musculaire, qui avait produit chez le batelier une exagération de la pression artérielle, amena chez mon ami, qui n'y était point entraîné, un effet précisément contraire. Pour ce qui me concerne, cette limite, dès l'abord, avait été dépassée, comme elle le fut pour mon ami dans sa seconde épreuve : l'exercice élève la pression, la fatigue l'abaisse. »

Il semble, d'après les observations de Potain, que l'habitude des exercices musculaires tend à donner un niveau plus bas à la pression artérielle ordinaire.

Obs. de Potain. — Dans les visites que je fis à la Faisanderie, pour y examiner des soldats occupés aux exercices gymnastique, je fis la même exploration chez trois catégories de sujet :

1° Des nouveau arrivés ;

2° Des soldats faisant de la gymnastique depuis six semaines ;

3° Des moniteurs pratiquants depuis plus ou moins longtemps (4 mois à 9 ans) ; l'âge moyen des sujets était peu différent ;

> 22 ans pour la première catégorie
> 21 ans   —   seconde   —
> 24 ans   —   troisième   —

La moyenne des pressions constatée a été

> Chez les nouveaux venus 16,7
> Chez les élèves de six semaines . 15
> Chez les moniteurs . . . . 13.

INFLUENCE DES MOUVEMENTS RESPIRATOIRES

Voici, d'après Potain, l'influence qu'exercent les mouvements respiratoires sur la pression artérielle.

« Lorsque la respiration est ample, lente et régulière, la pression dans la radiale s'élève pendant la seconde partie de l'inspiration et s'abaisse vers la fin de l'expiration. L'écart entre les pulsations les plus fortes et les pulsations les plus faibles peut être assez notable quand la respiration est très ample. »

Il a trouvé jusqu'à deux c. m. de différence dans la temporale, la pression y oscillant de 7 à 9 centimètres.

Si on se raportait à notre tableau de la page 21, on voit que les chiffres de la pression radiale varient de 0,05 cm. à 0,01 cm. à différents moments correspondant aux différents temps de la respiration.

Si, d'après Potain, il existe sur le trajet des voies respiratoires quelque obstacle à la pénétration de l'air dans les bronches et à son issue, la pression artérielle oscille en sans inverse, c'est-à-dire que le maximum se trouve à la fin de l'expiration et le minimum à la fin de l'inspiration. Enfin une expiration énergique et brusque avec occlusion de la glotte élève soudainement la pression artérielle, et cette élévation peut aller jusqu'à 0,03 centimètres, ce qui n'étonne point l'augmentation de pression intra-thoracique étant d'environ 0,05 centimètres.

Une inspiration forcée avec glotte fermée produit exactement l inverse et peut aller jusqu'à faire disparaître entièrement le pouls pendant quelques instants.

INFLUENCE DE LA DIGESTION

Obs. I. — M. R., âgé de vingt-quatre ans, bien portant Pression radiale, à dix heures et demie du matin, 17,5, à onze heures, 17.

Après un repas assez copieux, arrosé de vins généreux, la pression radiale, prise de suite après le dessert, oscillait entre 16 et 16,5 cent. Un quart d'heure après, la même tension se maintenait, était même on peut dire un peu faible (très petite différence), une demi-heure après la pression radiale était à 17 ; trois quarts d'heure après, elle oscillait entre 18,5 et 19 ; une heure après, elle atteignait à peine 19 centim. Une heure et demie après, elle oscillait entre 17 et 17,5 cent.

Vers sept heures et demie du soir (avant dîner), la pression radiale était plus faible qu'à onze heures, elle oscillait entre 17 et 16,5.

(Nous avons tâché, durant ces recherches, de tenir notre ami R.... aussi immobile et tranquille que possible, condition que les autres compagnons de table n'ont pu observer); chez les autres, nous avons trouvé des résultats très différents, mais chez tous la pression avait diminué de suite après le repas.

De cette observation et des tracés sphygmomanométriques recueillis par Potain sur lui et sur son ami François Franck, nous pouvons conclure que la pression artérielle s'abaisse pendant l'acte de la digestion, pour augmenter et dépasser la normale, un temps variable d'après chaque individu, après le repas, et revenir à la normale, aussi un temps variable d'après chaque individu après le repas.

L'abondance des repas, la nature des aliments et des boissons, la tolérance gastrique et les dispositions individuelles ont, d'après Potain, sur ces résultats une grande influence.

Le café, pris à la dose ordinaire, fait augmenter la pression artérielle. Dans une de nos observations, la pression avait augmenté de 1 cent. 5, et dans une autre, de 1 centimètre. L'eau et le vin n'ont pas d'influence. Dans deux cas, nous n'avons pas trouvé de changement.

INFLUENCE DE LA PRESSION ATMOSPHÉRIOUE

Lazarus et Schirmunsky (*Zeits. f. klin. Med.*, *1883, p. 299*), en laissant les sujets pendant vingt minutes dans l'air raréfié jusqu'à une demie atmosphère, ont constaté, à l'aide des appareils de Von Bach et de M. Marey, un abaissement de pression de 2 à 3 centimètrcs de mercure.

Potain, d'autre part, nous donne des observations affirmant le contraire :

Obs. I. — « Pour l'ascension en ballon nous étions six, dont un ami âgé d'environ quarante ans et quatre de mes élèves. Elle eut lieu à onze heures du matin par un temps très chaud (+ 28°,7) et se fit en quelques minutes. Le chiffre de pression, celui des pulsations et celui des respirations furent notés immédiatement avant et en haut de la course, pendant que le ballon demeurait immobile.

» Le résultat de l'ascension fut une élévation de la pression artérielle très marquée pour tous, bien qu'inégale. Pour deux d'entre nous, elle fut de 1 centimètre ; pour deux, de 1 cent. 5 ; pour un, de 3 centimètres; et pour le dernier, de 3 cent. 5 ; c'est-à-dire en moyenne de 2 centimètres. Chez tous mes compagnons le pouls diminua de fréquence, pour moi seul il y eut une accélération. »

Obs. II. — « Pour l'ascension de la tour Eiffel, nous étions onze, dont quatre confrères d'âge moyen et six de mes élèves. L'ascension détermina une augmentation de la pression artérielle chez tous, sauf chez un seul qui, au moment de monter, venait de faire une course rapide et fatigante, d'où était résulté pour lui une condition toute spéciale. Pour

tous les autres, il y eut une élévation de la pression qui fut
de 0,7 centimètres chez un ; de 2 centimètres chez deux ;
de 2 cent. 5 chez un ; de 3 centimètres chez un. En somme,
1 cent. 5 en moyenne. »

Il serait plus logique, il nous semble, quoique sans preuve,
sans observations personnelles, de se rattacher aux conclusions de Potain, car, en supposant le contraire, on s'expli-
querait difficilement l'action salutaire des altitudes sur l'organisme des tuberculeux dont la pression artérielle est
ordinairement très basse.

INFLUENCE DES EXCITATIONS SENSIBLES
ET DES EXCITATIONS CÉRÉBRALES

Toutes les excitations sensitives ou sensorielles mettent
en jeu les centres vaso-moteurs, ainsi que l'ont montré
Magendie, Claude Bernard, Von Bezold, etc. La pression
artérielle s'élève par son action réflexe lorsque l'on excite
un nerf sensible ; elle peut cependant s'abaisser dans des
conditions spéciales, si l'on choisit le froid ou un courant
électrique de faible intensité (Knoll). L'origine du réflexe
peut être dans une excitation des nerfs sensitifs des vaisseaux (Heger, Delezenne) ou dans une excitation sensorielle
(Charpentier et Conty, Dagiel, François-Frank).

D'après ce que l'on sait des effets vasculaires de l'excitation des différentes parties de l'encéphale, on est également
en droit d'admettre que les centres vaso-moteurs peuvent
entrer en action d'une façon réflexe, sous des influences
parties de ces régions. C'est ce que prouvent les recherches
de MM. Binet et Courtier, Mosso, etc.

Dans le sommeil, la pression artérielle s'abaisse, et d'après certains auteurs cet abaissement est d'autant plus marquée qu'il y a eu précédemment excitation plus grande à l'état de veille.

L'influence des rêves et la profondeur du sommeil se fait nettement sentir.

Sur les deux sujets, deux de nos amis, que nous avons observés à cet égard, nous avons trouvé un abaissement de 1 centimètre chez le premier et de 2 cent. 5 chez le second. Chez celui-ci, vers le matin, une demi-heure à peu près avant le réveil, nous avons trouvé une pression artérielle égale et même, à un moment donné, supérieure à la pression trouvée la veille (18 cent. 5) et à celle trouvée le matin (18 centimètres); la personne ne se souvenait pas d'avoir rêvé.

Les sensations agréables diminueraient la pression arté-rielle et les sensations désagréables l'augmenteraient d'une façon constante.

Tout travail psychique produirait une élévation, et cela d'autant plus que l'individu se comporte plus activement et met plus d'attention, d'énergie, de volonté à son acte.

L'on est en droit de conclure avec Gley que le cerveau peut être le point de départ des réactions vasculaires impor-tantes de nature vaso-constrictives surtout.

L'INFLUENCE DE LA MENSTRUATION

Van Ott (*Archives f. Gyn.*, 1884, Band XXII, Heft. 1) con-clut, d'après ces recherches, que la pression diminue nota-blement et reste au-dessous de la moyenne pendant toute la durée des règles, pour reprendre ensuite sa hauteur pri-mitive.

M. Huchard, d'autre part, a noté que, si la pression

s'abaisse pendant le flux cataménial, elle est sensiblement élevée pendant sa période de préparation.

INFLUENCE DE LA GROSSESSE
ET DE L'ACCOUCHEMENT

Vinay (*Maladies de la grossesse*, 1894) a trouvé la pression artérielle normale chez les femmes à terme, sauf chez les albuminuriques. Béranger et Sarafoff (*Thèses de Paris*, 1891) arrivent aux mêmes conclusions.

Sur les 68 observations recueillies par Reynaud et Olmer, internes des hôpitaux de Marseille, les femmes ayant été suivies régulièrement pendant les quinze derniers jours de la grossesse et souvent pendant les deux ou trois derniers mois, la pression artérielle (prise avec le sphygmomanomètre de Verdin) a oscillié autour de 15 centimètres. Elle s'est quelquefois abaissée à 13 et à 12 centimètres sans aucun signe pathologique.

Pendant le travail, la pression artérielle s'élève progressivement à 18, 19, 20, 22 centimètres et quelquefois davantage. Assitôt après l'expulsion du fœtus, jusqu'à l'expulsion du placenta, il se produit une hypotension brusque et progressive en dehors de toute spoliation hémorragique : de 20 à 22 centimètres la pression artérielle s'abaisse à 14, 13, 12 centimètres au minimum. Le chiffre le plus bas correspond au moment de la sortie du placenta.

Lorsque l'utérus se contracte rapidement et qu'il ne survient aucune hémorragie, la pression artérielle remonte en moins de six heures à 15 centimètres et au-dessus. Elle atteint fréquemment 17, 18 centimètres, et ce chiffre se maintient en général pendant les jours suivants pour s'abaisser à nouveau après le cinquième ou le sixième jour et redevenir définitivement normal.

CHAPITRE III

Études de la pression artérielle chez les aliénés

Des recherches sur la pression artérielle chez les aliénés n'ont été faites, à notre connaissance, que par deux auteurs : Vaschide et Toulouse, d'un côté, se servant du sphygmomano-mètre de Potain (*Semaine médicale*, 1901) et Pilcz de Vienne (*Semaine méd.*, 1900), avec le tonomètre de Gärtner.

Voici les conclusions du Dr Pilcz :

Chez les paralytiques généraux, la pression est à peu près normale, elle correspond ordinairement aux chiffres les plus faibles que l'on observe chez les individus sains ; mais, avec le progrès de la maladie, on voit se manifester une diminution considérable de la pression sanguine qui, dans la période terminale, peut ne pas dépasser 50 millim. de mercure. Pendant les rémissions, la pression redevient normale : au contraire, peu avant la mort, il se produit une chute brusque. D'après M. Pilcz, tant qu'on n'observerait pas ce signe on n'aurait pas à redouter l'imminence d'une terminaison fatale. Ces règles peuvent être mises en défaut par la coexistence d'une autre maladie, mal de Brigt par exemple, qui a pour effet d'augmenter la pression artérielle.

Dans les états mélancoliques, la pression s'est montrée toujours exagérée, tandis que l'auteur l'a constamment trouvé diminuée dans les états maniaques.

Quant à la folie circulaire, elle n'offre rien de particulier, les phases d'excitation se comportent comme des accès ma-

niaques et les phases de dépression comme les accès mélancoliques.

Dans l'hébéphrénie, la pression s'est montrée habituelle-
ment normale. Elle diminue cependant pendant les phases
d'excitation. Il a trouvé augmentation de la pression pendant l'accès chez les épileptiques et deux minutes après la
fin de l'attaque la pression redevenait normale.

Pendant le sommeil la pression diminue.

Voici d'autre part les conclusions de MM. Toulouse et
Vaschide (Académie des sciences).

« Des recherches que nous avons faites chez 77 femmes
adultes, atteintes d'affections mentales différentes, il résulte
qu'il y a de l'hypertension dans les états d'agitation, de
l'hypotension au contraire en cas de dépression ou de calme.
En outre, la pression radiale et la pression capillaire,
mesurées l'une avec l'appareil Potain et l'autre avec le
sphygmomanomètre de Mosso, subissent des variations
parallèles et généralement de même sens ; cette particularité est surtout évidente dans la mélancolie, où l'état dépres-
sif a pour conséquence une augmentation notable des deux
pressions. »

Nos recherches ont porté sur 40 personnes, hommes et
femmes, atteintes de maladies mentales différentes (manie,
lypémanie et paralysie générale).

Pour confirmer les idées que nous nous sommes faites
au cours de ces recherches sur la pression artérielle chez
ces malades, nous rapportons les observations qui nous
paraissent exactes, prises dans de meilleures conditions, et,
par cela même, plus démonstratives.

Chez les mêmes sujets, les chiffres obtenus à l'état de
calme ou à l'état d'agitation sont pris dans la même heure
de la journée.

Pour éviter les causes d'erreur qui peuvent résulter des

mouvements faits pendant l'agitation, nous laissions les
malades bien se reposer avant l'examen.

OBSERVATIONS

MANIE — HOMMES

I. — Del., âgé de vingt-trois ans.
    Pression radiale à l'état de calme 17,5, 16,5, 16.
    — — d'agitation 20, 21,5, 19.

II. — Cay., âgé de trente ans.
    Pression radiale à l'état de calme 17, 17,5, 19.
    — — d'agitation 24, 22, 21.

III — R., âgé de vingt-six ans.
    Pression radiale à l'état de calme 18, 18, 18.
    — — d'agitation 20, 21, 21.

IV. — Bes., âgé de soixante-deux ans, artério-scléreux.
    Pression radiale à l'état de calme 30, 31,5, 26,5.
    — — d'agitation 35, 35, 35 et plus.

FEMMES

V. — Du. J., âgée de vingt-six ans.
    Pression radiale à l'état de calme........
    — — d'agitat. 19, 19, 20,5, 20,5, 23, 23.

VI. — B., âgée de vingt-quatre ans.
    Pression radiale à l'état de calme 15, 17,5.
    — — d'agitation 20, 19, 20, 20.

VII. — Gi., âgée de vingt-quatre ans.
    Pression radiale à l'état de calme ......
    — — d'agitation 17, 19, 19, 18, 19,5, 19.

VIII. — Pe., âgée de trente-sept ans.
    Pression radiale à l'état de calme .....
    — — d'agitation 18, 24, 25, 25, 24, 25.

Il résulte de ces observations, que chez les maniaques, la pression radiale à l'état de calme oscille autour de la normale et qu'elle augmente dans les états d'agitation. Nous avons remarqué, en outre, que l'augmentation de la pression en même temps que l'augmentation du nombre des pulsations cardiaques sont en repport direct avec l'intensité de l'agitation. Pendant les moments de calme, le nombre des pulsations oscille autour de la normale.

Dans l'observation IV, la pression radiale à l'état de calme est bien plus élevée que la normale, mais là l'explication est donnée par l'artério-sclérose très prononcée du sujet.

Ce qu'il y a aussi de très remarquable, chez les maniaques, c'est l'extrême variabilité de la pression. Dans la même séance sur le même sujet on trouve des pressions différentes, surtout quand l'agitation est bien forte.

Pendant les périodes de calme, la pression artérielle est assez constante.

LYPÉMANIE

HOMMES

I. — Chap., âgé de trente-deux ans.
    Pression radiale à l'état de calme 16, 16, 15,5.
    —   — d'agitation 18, 18,5, 18, 18, 17.

II. — Ans., âgé de vingt-huit ans.
    Pression radiale à l'état de calme.....
    —   — d'agitation 17, 17, 16, 17, 17.

III. — Mas., âgé de cinquante ans.
    Pression radiale à l'état de calme 17, 17, 15,5.
    —   — d'agitation 18, 19, 18, 18.

FEMMES

IV. — Bel., âgée de quarante et un ans.
   Pression radiale à l'état de calme 15, 16, 16, 16, 15.
   —   — d'agitation 19, 19, 16, 15.
V. — March., âgée de quarante-deux ans.
   Pression radiale à l'état d'agitation 17, 16, 16,5, 18.
   —   — guérie 19, 19.
VI. — Mart., âgée de quarante-quatre ans, anxieuse.
   Pression radiale à l'état d'agitation 15, 15, 16, 15, 15.
VII. — Bact., âgée de trente-deux ans.
   Pression radiale à l'état d'agitation 18, 20,5, 18, 20.
   —   — calme 15, 14,5. 15.
VIII. — Val., âgée de cinquante et un ans. Anxieuse.
   Pression radiale à l'état d'agitation 15, 15,5, 14, 15,5, 13.
IX. — Sab., âgée de trente-cinq ans.
   Pression radiale à l'état de calme.....
   —   en rémission 19, 18,5, 18,5, 18,5 et
sortie.

De ces observations il résulte que chez les lypémaniaques la pression radiale à l'état de calme est assez basse. L'agitation parfoi l'élève au niveau de la normale, d'autres fois semble être sans influence aucune, ou même au contraire est capable de l'abaisser davantage.

Pendant les rémissions, la pression radiale s'élève au niveau de la normale et reste stationnaire.

L'influence de l'agitation sur l'abaissement de la pression artérielle est surtout marquée chez les anxieux.

Chez les lypémaniaques on ne constate pas ces brusques variations dans la pression artérielle, comme chez les maniaques, sauf chez les déprimés. Dans un de ces cas, nous avons constaté une oscillation de la pression entre 15 et 19 centimètres (Mme Sac, âgée de trente-neuf ans).

PARALYSIE GÉNÉRALE

HOMMES

I. — Cart., âgé de quarante-trois ans. — Démence. — Alcoolisme. Artério-sclérose.
Pression artérielle 21, 21, 20, 21, 20,5.

II. — Fab., âgé de trente-trois ans. Démence avec agitation.
— Alcoolisme. — Syphilis. — Artério-sclérose.
Pression artérielle à l'état calme 19, 19, 20, 21, 19, 20.
— — d'agitation 23, 25, 23.5.

III. — Ass.. âgé de quarante-deux ans. Démence paralytique
liée à une sénilité anticipée : syphilis et alcoolisme. —
Artério-sclérose.
Pression artérielle 21, 26, 21, 23, 21.

IV. — M. J.. âgé de cinquante-neuf ans. Démence avec para-
lysie. — Alcoolisme. — Artério-sclérose.
Pression artérielle 21, 20, 20, 19, 21.
Pression prise deux jours avant sa mort, 17.

V. — Mour.. âgé de quarante-quatre ans. Démence paralytique. — Artério-sclirose peu prononcée.
Pression artérielle prise sur la main droite, parce que
la gauche tremble. 21, 21, 21, 20, 21, 21.

VI. — Pouj., âgé de quarante-six ans. Paralysie générale par
sénilité anticipée. — Artério-sclérose.
Pression artérielle 21, 20, 5, 21, 21, 21.

VII. — Pail., âgé de quarante-cinq ans. Démence. — Troubles
paralytiques généralisés. — Sénilité anticipée. — Artério-
sclérose.
Pression artérielle 20, 20, 20, 19, 20, 20.

VIII. — Cass., âgé de quarante-cinq ans. Paralysie générale. —
Alcoolique. — Artério-sclérose.
Pression artérielle 21, 20,5, 20.
Pression artérielle prise quatre jours avant sa mort, 17 :

trois jours avant, 15 ; deux jours avant elle oscillait entre 13 et 15 centimètres.

IX. — Laut., âgé de trente et un ans. Paralysie. — Syphilis.
Pression artérielle 16,5, 15,5, 16,5, 16, 16,5.

FEMMES

X. — Const., âgée de quarante et un ans. Troubles paralytiques généralisés par méningite chronique.
Pression artérielle 14,5, 13, 14, 14,5, 14.

XI. — Pall., âgée de quarante et un ans. Démence paralytique avec agitation. — Artério-sclérose.
Pression artérielle constamment agitée, 11,5, 11, 11,
11, 11.

XII. — Can., âgée de quarante-cinq ans. Démence paralytique. — Artério-sclérose.
Pression artérielle 19, 20, 19, 18, 19, 18.

XIII. — Bal., âgée de trente-cinq ans. Démence. — Artério-sclérose peu prononcée.
Pression artérielle 19, 20, 21,5, 20, 20, 21.

XIV. — Pat., âgée de quarante-huit ans. — Démence paralytique.
Pression artérielle 14,5, 15, 14,5, 15, 15.

Chez les paralytiques généraux, la nature de la maladie ne paraît pas avoir d'influence sur la pression artérielle.

La pression artérielle, comme on le voit dans ces obser-
vations, est assez élevée chez certains d'entre eux et bien basse, au contraire, chez d'autres. Chez les premiers, la principale cause de cette pression élevée doit être l'artério-
sclérose très prononcée. Les chiffres comparés à ceux trouvés par les autres auteurs chez des artério-scléreux non para-
lytiques, correspondraient à une pression au-dessous de la normale. On peut donc admettre que la pression artérielle,

6

chez les paralytiques généraux, est plus basse que la normale.

Ce qui ressort nettement des deux observations IV et VIII, c'est que, peu avant la mort, la pression baisse sensiblement.

Pendant l'agitation, chez certains, il y a augmentation de la pression (obs. II); tandis que, chez d'autres, la pression reste très basse (XI); nous n'avons pas pu examiner le malade qui fait l'objet de cette observation à l'état de calme.

ÉPILEPSIE

Charles Féré (Soc. de biol., 1889), qui a fait des recherches chez les épileptiques à l'aide du sphygmomètre de M. Bloch, conclut de la façon suivante :

« Lorsqu'on réussit à prendre la pression artérielle pendant l'aura, on constate, en général, une augmentation de 200 à 300 grammes, cette pression forte se m.intient pendant la période convulsive ; puis elle tombe au-dessous de la normale quand l'accès est terminé. Cette dépression se maintient pendant plusieurs heures, huit ou dix, quelquefois même un jour après un seul accès. A la suite d'accès sériels, surtout si ces accès ne sont pas séparés par des périodes de retour à la connaissance, la dépression peut être de 300 à 400 grammes et ne disparaître qu'après plusieurs jours. » Il rapporte, en outre, des observations suivant lesquelles la tension artérielle s'élève pendant les accès de colère.

D'après les recherches du docteur Pilcz, il résulte que deux minutes après l'attaque la pression descend à la normale.

CHAPITRE IV

Pathogénie

Trois éléments entrent en jeu pour produire la pression artérielle.

1) La masse sanguine ;
2) L'impulsion cardiaque ;
3) Le tonus artériel.

Ces trois facteurs agissent de concert pour maintenir une pression constante avec légères variations suivant les états physiologiques différents (sommeil, digestion, émotions, changements de température, de pression atmosphérique, etc).

Wertheimer, de Lille (1891), s'appuyant sur les expériences d'Istamanoff, de Schüler, de Vulpian et sur ses expériences personnelles, explique cette invariabilité de la pression artérielle par une sorte de balancement qui se produirait entre la circulation périphérique et la circulation centrale : les vaisseaux des viscères se contractent quand ceux de la périphérie se dilatent, et réciproquement. François Franck, dans son étude sur *La défense de l'organisme contre les variations anormales de la pression artérielle* (Acad. méd. 1896), a démontré, d'autre part, que l'organisme était en état continuel de défense contre les variations anormales de la pression sanguine. Quand celle-ci est forte, le retentissement du cœur a pour résultat de diminuer les ondées sanguines dans le système aortique surchargé, et la dilatation consécutive des vaisseaux superficiels offre une dérivation salutaire à la circulation du sang, tandis que les vaisseaux pulmonaires, en se contractant, diminuent l'apport sanguin au cœur gauche, et que le resserrement des vaisseaux portes et hépatiques restreint l'afflux sanguin cardio-pulmonaire et décharge le cœur droit.

Il n'en est pas de même dans les états pathologiques. Il y a alors rupture de compensation entre les trois éléments et il se produit, d'après le genre de la maladie, une augmentation — hypertension, ou une diminution — hypotension.

Comment ces maladies agissent-elles pour produire ces changements dans la pression artérielle ? Certainement toutes n'agissent pas de la même façon ; ainsi la fièvre typhoïde agit par ses toxines et en attaquant les fibres musculaires du cœur ; la tuberculose probablement en alternant le sang ; l'insuffisance aortique en hypertrophiant le cœur ; le saturnisme en produisant un état spasmodique du système vasculaire et en augmentant le volume des globules sanguins (Huchard).

Haïg (1891) admet que la pression artérielle varie proportionnellement à la quantité d'acide urique contenu dans le sang et l'acide agirait en déterminant la contracture des artériolles et des capillaires.

François Franck s'exprime en ces termes dans le *Bulletin de l'Académie de médecine,* 1896. « L'hypertension artérielle est provoquée en général par une stimulation dont le point de départ est dans les surfaces sensibles ou dans le cerveau (influences psychiques, émotives). Elle peut aussi résulter d'une excitation directe des centres nerveux par le contact d'un sang insuffisamment oxygéné ou transportant certaines substances toxiques. On la dit d'origine réflexe dans le premier cas, d'origine centrale dans le second. Elle est produite par excitation des vaso-constricteurs et excito-cardiaques. »

Comment agissent les diverses formes d'aliénation mentale, pour donner à la pression artérielle les caractères
assez particuliers que nous avons exposés dans le chapitre
précédent ?

Lequel de trois facteurs qui régissent la pression artérielle
doit être incriminé au sujet des variations ?

Vu la rapidité du changement, la succession pour ainsi
dire instantanée de pressions basses et de pressions élevées,
surtout chez les maniaques, on peut éliminer le premier
facteur, la masse sanguine et les produits hypo et hyperten-
dants qu'elle pourrait contenir, car la présence de l'urée
dans le sang augmenterait la pression artérielle, d'après les
expériences d'Ustimowitsch (*Berichte der sachs Gesellsch
der Wissench.*, 1870), et la présence de bilirubine la dimi-
nuerait d'après les expériences de Bruin.

Donc, l'impulsion cardiaque et le tonus artériel sont les
deux facteurs qui peuvent être incriminés, et ces deux facteurs sont, sous l'influence des réflexes partant du cerveau,
extrêmement excitables chez les aliénés, la cause de ces
variations, et comme s'exprime Gley (in *Traité de pathol.
générale* de Bouchard) : « Il est permis d'avancer qu'il n'est
point d'impression nerveuse, d'action cérébrale, de phéno-
mène psychique qui ne détermine, par un mécanisme réflexe,
des réactions vasculaires, en même temps que motrices ou
sécrétoires, etc. »

Chez les lypémaniaques la pression artérielle est assez
basse, et cette hypotension habituelle peut être expliquée
par l'auto-intoxication, vu le ralentissement des fonctions
organiques chez eux.

*Les modifications de la pression artérielle sont-elles la
cause ou la conséquence de l'agitation ?*

Federn, de Vienne, dans la séance du 24 mars de la

Société império-royale des médecins de Vienne, a prétendu que l'élévation de la pression sanguine est souvent la cause des états mélancoliques et des paroxysmes anxieux, en invoquant comme raison que c'est surtout dans les psycho-pathies, accompagnées d'une augmentation de pression, que l'opium agit favorablement. On voit les conséquences thé-rapeuthiques que peut amener une pareille assertion.

Nous appuyant sur ce fait que, dans le service de notre éminent maître M. le professeur Mairet, les lypémaniaques sont traités par un régime tonique et reconstituant, ayant pour conséquence une augmentation de la pression arté-rielle, et que les résultats sont très satisfaisants, nous sommes d'un avis tout à fait contraire et estimons que l'élévation de la pression sanguine est la conséquence et non la cause des modifications du syndrome psychique.

M. Von Bach, de Vienne, croit qu'il s'agit d'un cercle vicieux, puisqu'à son tour l'élévation de la pression pro-voque des sensations désagréables.

Cela est juste pour ceux qui ont une pression artérielle ordinaire assez élevée ; mais pour les lypémaniaques, dont la pression ordinaire n'arrive pas à la normale ou y arrive à peine, et qui, pendant l'agitation, présentent de petites élé-vations comme on le voit dans nos observations, cela ne nous paraît pas applicable.

CHAPITRE V

Conclusions

I. — La définition la plus courte et la plus synthétique de la pression artérielle est celle donnée par notre savant maître M. le professeur Hédon : « La pression ou tension sanguine résulte de la réaction élastique des vaisseaux sur leur contenu. » — Les termes de tension artérielle et de pression artérielle, en théorie, n'ont pas la même signification ; mais en pratique on ne peut faire de différence. — L'historique peut être divisé en deux périodes: l'une physiologique, inaugurée par Hales en 1774; et l'autre clinique, par Vierordt, en 1855. — Tout clinicien, avant d'entreprendre des recherches chez les malades, doit d'abord établir lui-même la pression normale. On doit se servir pour cela toujours du même appareil.

II. — Le procédé opératoire que nous indiquons nous paraît le plus pratique, il expose à moins d'erreurs au cours des recherches. — Pour nous, chez l'adulte de 22 à 43 ans, la pression artérielle normale varie de 17 à 20 centimètres et est un peu plus faible chez la femme que chez l'homme. Chez les enfants, elle est encore plus faible. L'âge, sauf chez les enfants, n'a pas d'influence marquée sur la pression artérielle. — Le maximum de pression artérielle est dans la position horizontale et le minimum dans la station verticale; mais il y a des exceptions. — Les mouvements modérés l'augmentent, mais la fatigue l'abaisse. — Les mouvements respiratoires ont aussi de l'influence sur la pression artérielle. — La pression artérielle s'abaisse pendant l'acte de la digestion ; durant un intervalle de temps variable après le repas, et cela suivant chaque individu, elle augmente et dépasse la normale, puis revient à la normale et met encore pour cela un temps variable. — Le café, à dose ordinaire, augmente la pression artérielle. — La pression artérielle augmente à mesure qu'on s'élève en hauteur. — Pendant le sommeil, la pression baisse.

III. — Chez les lypémaniaques, la pression artérielle est basse et s'élève au niveau de la normale pendant l'agitation ; parfois l'agitation ne paraît pas avoir d'influence et d'autres fois semble l'abaisser davantage.

Chez les maniaques, la pression, à l'état de calme, oscille dans les limites de la normale et augmente pendant l'agitation, chez eux la pression est très inconstante.

La nature de la paralysie générale ne paraît pas avoir d'influence sur la pression artérielle. La pression, chez les paralytiques généraux, est faible ; baisse sensiblement peu de temps avant la mort ; l'agitation parfois l'augmente.

IV. — Les différentes maladies modifient la pression artérielle par des mécanismes différents. Les différentes formes d'aliénation mentale la modifie par des réflexes partant du cerveau ; chez les lypémaniaques, la pression basse peut s'expliquer par l'auto-intoxication. Il en est de même chez les paralytiques généraux. Les modifications du syndrome psychique, chez les aliénés, sont la cause et non les conséquences du changement dans la pression artérielle.

INDEX BIBLIOGRAPHIQUE

ALEZAIS et FRANÇOIS. — Revue de médecine, 1899.

BOULOMIÉ. — Gazette des hôpitaux, 1902, nᵒˢ 65 et 75.

BERNARD (Cl.). — Leçons sur la physiologie et la pathologie du système nerveux, 1858, 1.

BEZOLD. — Uters. über die Innerv. des Herzens., p. 276. Leipzig, 1863.

BÉRENGER. — Thèse de Paris, 1891.

BINET et VASCHIDE. — C. rendus Ac. des sciences, 1897.

BLANEL. — Berträge zur klin. Chir., XXXI, 2.

CHARPENTIER et COURTY. — Recherches sur les effets cardio-vasculaires, etc. (Arch. de physiologie, 1877).

CRAMER. — Münich. med. Wochens., 1892, nᵒˢ 6 et 7.

DELEZENNE. — Comptes rendus de l'Ac. des sc., CXXIV, p. 700, 1897.

DOGIEL. — Arch. für Physiol., 1880, p. 420.

DUPLAY (S.) et HAILLON (L.). — Archives gén. de méd. Paris, 1889.

FÉRÉ (Ch.). — Société de biologie, 1889.

FLEURY (M. de). — Pr. sanguine chez les neurasthéniques (Soc. méd., 1901.

FRANK (François). — Arch. de physiol., 1889, et Bulletin de l'Acad. des sciences, 1896.

FRÉDÉRIC. — Archives de biologie, 1882.

GAUTRELET. — Soc. méd.-chir., 1899.

GILLES DE LA TOURETTE. — Semaine médicale, 1900.

GLEY. — Thèse de Nancy, 1881, et Traité de pathol. gén. de Bouchard.

GRASSET et CALMETTES. — Montpellier médical, 1902.

GREBNER. — Soc. méd. de Vienne, in Semaine médicale, 1899.

GUILLAIN et VASCHIDE. — Soc. de biologie, 1900.

HÉDON. — Manuel de physiologie.

HUCHARD. — Soc. méd.-chir., 1899 ; Traité des maladies du cœur et des vaisseaux.

KRIES (N. v. Bericht. de Sächs Gesellsch. d. Wissenchaften, 1875.

KIESSOW (Fr.). — Expériences, etc. (Archives italiennes de biol., 1895.

MAREY. — Mesure manométrique, etc. (Travaux du laboratoire, 1876,| p. 316).

MAXIMOWITCH et REIDER. — Deutsches Archiv. f. Klin. Medizin, 46 Band).

MILIAN. — Presse médicale, 1899.

MOSSO. — Sulla circulaziona del sangue nel cervello dell' umo. Roma, 1880, et Arch. It. de biologie, 1895.

PILCZ. — De la pression artérielle dans les mal. mentales (Semaine méd., 1900).

POTAIN. — La pression artérielle chez l'homme, etc., 1902.

REYNAUD et OLMER. — Gaz. des hôp., 1900.

SARAFOFF. — Th. de Paris, 1891.

TOULOUSE et VASCHIDE. — Semaine méd., 4 déc. 1901.

VAN OTT. — Archives de gynécologie, 1884, XXII.

VIERORDT. — Die lehre vom. Arterienpouls, 1855, p. 164.

VIGNOLO. — Richerche di fisiol. e sc. offini, Milano, 1900.

VINEY. — Maladies de la grossesse, 1894.

SERMENT

En présence des Maîtres de cette Ecole, de mes chers condisciples et devant l'effigie d'Hippocrate, je promets et je jure, au nom de l'Être suprême, d'être fidèle aux lois de l'honneur et de la probité dans l'exercice de la médecine. Je donnerai mes soins gratuits à l'indigent, et n'exigerai jamais un salaire au-dessus de mon travail. Admis dans l'intérieur des maisons, mes yeux ne verront pas ce qui s'y passe, ma langue taira les secrets qui me seront confiés, et mon état ne servira pas à corrompre les mœurs ni à favoriser le crime. Respectueux et reconnaissant envers mes Maîtres, je rendrai à leurs enfants l'instruction que j'ai reçue de leurs pères.

Que les hommes m'accordent leur estime, si je suis fidèle à mes promesses! Que je sois couvert d'opprobre et méprisé de mes confrères, si j'y manque!

www.ingramcontent.com/pod-product-compliance
Lightning Source LLC
Chambersburg PA
CBHW050530210326
41520CB00012B/2510